U0187298

西南传统村落
适应性空间优化图集

④高海拔聚居区

程海帆　李睿达　主编

中国建筑工业出版社

图书在版编目（CIP）数据

西南传统村寨适应性空间优化图集. ④，高海拔聚居区 / 程海帆，李睿达主编. —北京：中国建筑工业出版社，2023.3

ISBN 978-7-112-28457-3

Ⅰ.①西… Ⅱ.①程…②李… Ⅲ.①少数民族—民族地区—村落—乡村规划—西南地区—图集 Ⅳ.①TU982.297-64

中国国家版本馆CIP数据核字（2023）第039099号

参与编写人员

本 书 主 编：周政旭　吴　潇　程海帆
分 册 主 编：程海帆　李睿达
分册编写组成员：胡　荣　张　盼　黄　纯　陈文亚　黄玲戴
　　　　　　　　牛　欢　郝书坤　陈万磊

前 言

我国幅员辽阔、地域多样、文化多元一体。西南地区是传统村落分布最为集中、地方和民族特色最为突出的地区之一。在漫长的历史进程中，植根于文化传统与地方环境，形成了风格各异、极具特色的村寨和民居，适应于不同的气候、地形、自然环境以及生计模式。但同时，西南村寨民居也存在应灾韧性不足、人居环境品质不高、特色风貌破坏严重、居住性能亟待改善等问题。现有的村寨设计技术适应性不强，相关技术单一缺乏集成，亟需研发集成西南民族村寨空间优化技术。

在国家"十三五"重点研发计划"绿色宜居村镇技术创新"专项"西南民族村寨防灾技术综合示范"项目所属的"村寨适应性空间优化与民居性能提升技术研发及应用示范"课题（编号：2020YFD1100705）的支持下，清华大学、四川大学、昆明理工大学联合西南多家科研院所、规划设计单位，开展村寨适应性空间优化技术研发示范工作，并在西南地区的数十个村寨开展示范。从技术研发与应用示范工作中总结凝练，最终形成中国城市科学研究会标准《西南民族村寨适应性空间优化设计指南》T/CSUS 50—2023。为配合指南使用，课题组编写本图集。

本书适用于中国西南地区存在空间优化及新建、扩建、迁移需求的村寨，针对喀斯特地区、苗岭山区、横断山区及高海拔聚居区等典型区域的村寨，提供适应性、本土化的设计指南和技术指引。本书共分四册，每册针对一个典型地区，涵盖村寨选址与体系优化、生态保护与农业景观、村寨形态与空间格局、公共空间与景观、村寨交通体系、村寨公用设施、公共服务设施、民居与庭院、低碳能源利用等内容。

本书由清华大学、四川大学、昆明理工大学团队合作编写。在理论研究、技术研发与指南和图集审查过程中，得到了中国科学院、中国工程院院士吴良镛教授，中国工程院院士刘加平教授，中国工程院院士庄惟敏教授，中国城市规划学会何兴华副理事长，清华大学张悦教授、吴唯佳教授、林波荣教授，四川大学熊峰教授，云南大学徐坚教授，西南民族大学麦贤敏教授，西藏大学索朗白姆教授，中煤科工重庆设计研究院唐小燕教授级高工，重庆市设计院周强教授级高工，安顺市规划设计院陈永卫教授级高工的悉心指导、中肯意见和大力支持。在技术研发与示范过程中，得到中国建筑西南设计研究院有限公司、贵州省城乡规划设计研究院、安顺市建筑设计院、四川省城乡建设研究院、四川省村镇建设发展中心、昆明理工大学设计研究院有限公司、云南省设计院集团有限公司、云南省城乡规划设计研究院等单位的大力支持。此外，过程中得到了西南多地政府部门、示范地村集体与村民的支持和帮助，在此不能一一尽述。谨致谢忱！

目 录
CONTENTS

第 1 章　高海拔聚居区传统村寨空间特征概况

　　高海拔聚居区主要涵盖西藏自治区大部、四川西部以及云南西北部等地。大部分区域太阳辐射强、日照充足，年平均气温低、日温差较大，干湿季分明、冬干夏雨、降雨量少，地面气象要素的季节变化和日变化显著。大部分属于建筑气候 Ⅵ A 和 Ⅵ B 区（严寒地区），滇西北区域属于建筑气候 Ⅴ 区（温和地区）。

　　世居民族主要是藏族，在起伏平缓的高原面，村寨多分布于山体缓坡或相对较为平坦的草甸区域，也有部分选址于高山台地或坡度较陡的山地。

第 2 章　村寨选址与体系优化

2.1　村寨选址

2.1.1　安全性

　　区域范围内以盆地型、沟谷型等地形特征为主，泥石流、滑坡等地质灾害时有发生，同时高海拔气温低、雨水多的气候特点易引起雨雪冰冻等自然灾害。为保证选址的安全性，并应符合下列要求：

- 避开暴雨、冰冻等自然灾害易发地段，合理避让泥石流、塌陷、崩塌等地质灾害危险区。

- 地质灾害高风险区村寨必要时可考虑整体搬迁，降低受灾风险。

避开灾害危险区

工程措施

2.1.2　构建合理的防灾体系

　　高海拔地区村寨体系优化应综合考虑土地防灾适宜性，构建合理的防灾体系。

　　建立村寨整体防灾体系，应综合考虑火灾、洪灾、震灾、风灾、地质灾害、雪灾和冻融灾害等的影响，贯彻预防为主，防、抗、避、救相结合的方针，综合整治、平灾结合，提供综合保障以应对各种灾害带来的威胁；有重点地开展地质灾害防治工作，构建防灾体系、承灾体系及防灾安全制度。

- 建立村落防灾体系，提供综合保障以应对各种灾害带来的威胁。

- 严格规范人类工程和人类经济活动，杜绝居民过度放牧、伐木及采挖中药材，鼓励采用低碳环保的生产方式。

防灾体系建设

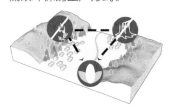

低碳环保

2.1.3 生态性

为保证村寨选址生态性，应避免对既有生态环境的破坏，并符合下列要求：

- 应靠近水源，便于生活生产取水，适度合理使用山泉水，保障水源安全。
- 应妥善保护场地周边树木及原生植被等生态要素。
- 依托现有山水脉络建设美丽村庄，坚持原真性保护和原特色利用，不打破自然生态系统的平衡。
- 根据生态保护要求划定禁止建设区，保护生态敏感区域。
- 充分保护高山牧区原有生态基底，不破坏牧区自然风光。

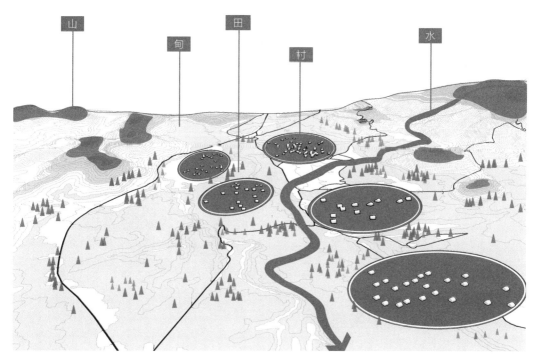

村寨选址的生态性

2.1.4 延续文化景观

为延续村寨文化景观，应保持村寨原有的空间格局和既有文化景观类型，并应符合下列要求：

- 应综合考虑环境设施对空间氛围营造的影响，防止物质层面的城市文化结构对乡村文化结构的同化，保持乡村文化景观的传统面貌和内在秩序，防止乡村文化衰退。
- 应保护村寨历史文化要素空间，实现文化基因有机更新与传承。
- 应加强村寨中特色文化空间的保护和传承，在有条件的情况下可适当加以利用。

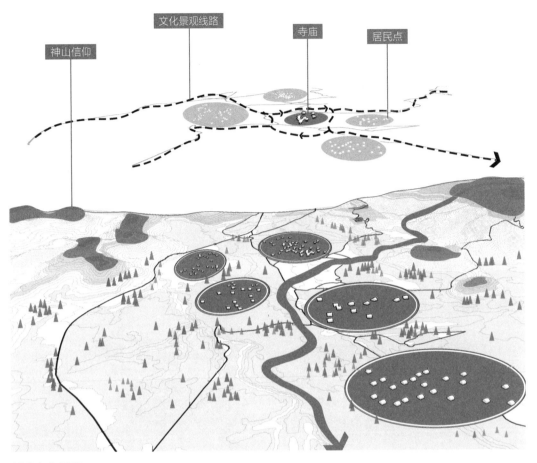

村寨文化景观

2.2　村寨分类及发展策略

　　从资源本底、人地关系、经济状况、设施配套、区位优势等方面对高海拔地区农村居民点进行分析，对综合发展潜力进行评价，从地区建设远景出发，使各个村庄形成一个按不同层次、不同功能、相互协调的有机整体。可以将村寨分为以下几个类型：

· 特色保护型村庄：该类村寨整理模式应注重特色资源的保护与传承，谨慎处理、特殊对待，尽量保留原址或进行内部优化，在保持其基础格局、建筑风格的基础上，坚持"建新如旧、修旧如旧"原则。

· 存续提升型村庄：加强交通、卫生、电力等配套基础设施建设，对村容村貌、建筑风格适度引导，改善现有住房条件，促进内部建设用地集约利用。

· 搬迁撤并型村庄：应尽早纳入整治范围，防止对居民生命财产安全造成侵害。有条件的地区应对村庄旧址进行复垦，既利于占补平衡的实现，也利于生态环境的恢复。

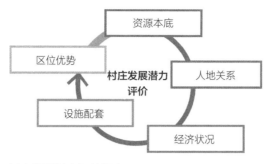

村庄发展潜力评价要素

村庄分类

2.3 聚落体系优化

2.3.1 聚落体系优化

聚落体系优化应以保护村寨整体性为核心，构建生态格局，并应符合下列要求：

· 对村寨所处的整体环境进行保护。包括对"山、水、林、田、湖、甸（草场）、沙、冰、村、寺"等全要素的识别、分类保护及优化，保障自然要素完整性与空间连续性、原真性。

· 为村寨构建绿色生态空间、文化空间和产业空间。

· 以自然环境优势、乡土文化旅游资源为依托，稳步发展休闲旅游业、绿色观光农业，将资源优势转变为经济发展优势。

2.3.2 优化区域交通网络

为优化区域交通网络，应注意以下几点：

- 村庄公路应与上层次公路衔接，保证区域内公路网络总体布局的协调和路网整体效益的发挥。
- 综合考虑对外交通联系，根据需求拓宽主要对外交通道路。
- 打破村组行政边界，将更多的自然村、农场、学校等纳入村庄道路覆盖范围。
- 贯彻"路、站、运一体化"的思想，使村庄道路与农村客运站点统一规划、同步实施，实现村庄道路客运网络化。

2.3.3　构建公共服务层级体系

为构建村寨公共服务层级体系，应符合下列要求：

- 建议在规划中对公共设施配置标准和用地规模严格把握，设施配置和村民日常生活需要相适应。
- 根据国家标准确定村寨公共服务设施半径，合理建设。
- 合理确定布置模式，应以行政村为核心地位，以自然村为基本单位，充分保障村民基本生活需求。

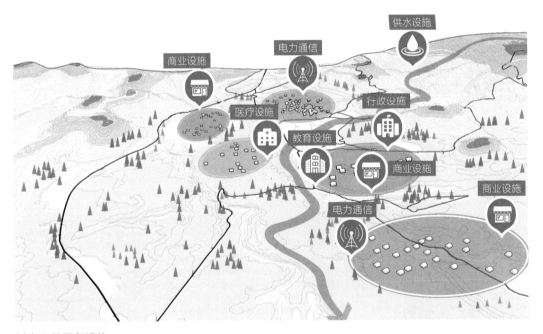

村寨公共服务设施

2.3.4　保护地方特色

为保护地方特色文化和传统风貌，应注意下列原则：

- 旧村改造以修缮为主，对村寨中古建筑要修旧如旧，以保持其特色和风貌。
- 保护古树名木，划定古树保护范围，并制订保护措施。
- 重视村寨中的地方文化构筑物（如佛塔、碉堡、古堡、藏族民居、经房、玛尼堆、转经筒、经幡、青稞架等）的挖掘与保护，以尊重历史原真性的原则进行适当修整与更新设计，激活村寨重要建成遗产。

第 3 章　生态保护与农业景观

3.1　生态环境保护

3.1.1　生态环境建设

　　以高海拔地理单元、生态本底和资源禀赋为基础，以山、水、林、田、湖、草、冰为重点，对聚落及其周边整体山、水、林、田环境进行保护和修复。遵循自然生态系统演替规律，充分发挥大自然的自我修复能力，引导村落建设与周边生态环境要素结合，实现人与自然和谐共生，并遵循以下原则：

· 以森林系统为主体建立生态环境保护区，以自然恢复为主，结合适当的人为干预措施，加强森林保护和水土保持工作，完善和保护核心生态源地。

· 以草地、水体为基底建立牧场经济功能区，加强草原生态保护和修复，实行封育保护、季节性休牧，对中度及以上退化草原采取人工干预措施，提升草原质量延续高原牧草景观；保持水体质量，强化牧场管理，巩固区域放牧职能。

· 以农田村庄为要素建立农业耕作功能区，适当增加经济作物比例，引进适于高海拔气候区的高产优质品种，推广先进的耕作经营管理技术，完善农业基础设施，减少化学制剂如化肥农药等的使用，加强环境保护，严格控制非农建设滥占耕地。

 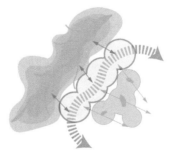 

建立生态保护区　　　　　　建立牧场经济功能区　　　　　　确立农业功能区

生态安全是指人类在生产、生活和健康等方面不受生态破坏和环境污染等影响的保障制度，包括饮用水与食物安全、空气质量与绿色环境等要素。生态安全研究主要包括生态系统健康诊断，区域生态风险分析，景观安全格局，生态安全监测、预警、管理和保障等方面。

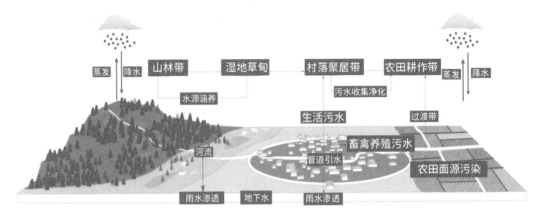

高海拔地区生态安全

3.1.2 生态系统保育

以生态系统服务稳步提升为目标，完善基础设施、配套设备。促进生物多样性保护和恢复，保护高原珍稀动植物资源。提高当地居民的生态保护意识，结合各项生态保护补偿、重点生态工程建设推进高海拔地区生态系统保护及修复。

3.1.3 环境污染防治

重视聚落环境污染防治规划，对农业面源污染、生活污水、生活垃圾等尽量采取生态处理方式，以资源化处理为主，尊重习俗，因地制宜，采用经济适用、易于管理的工艺，并应遵循以下原则：

- 重点开展生活垃圾的无害化处理与资源化利用，进行垃圾收集、分拣、处置的综合整治。
- 运用寒地沼气池，推进人畜禽粪便生态处理与资源化利用，节省电力资源和煤炭资源，解决相应污染问题。
- 农业面源污染、生活污水治理可采用生态塘处理系统，形成适宜的人工或半人工生态系统，实现污水处理资源化。

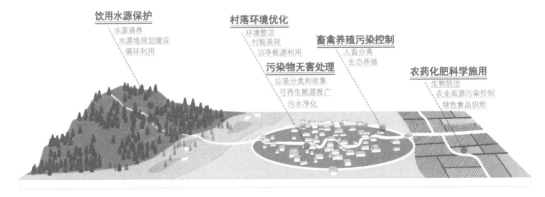

环境污染防治

3.2 传承农业景观

3.2.1 农业景观建设与保护

建立高海拔循环农业景观体系，构建具有地区特色的农业景观，应推进以下措施：

· 尊重劳动实践，形成高海拔特色景观格局。以自然山体、灌丛植被、村落草甸为支撑，以农田景观斑块、高原湖泊、湿地、村落坑塘及聚落等为基底，构建多元一体的景观格局。
· 维持原有农业生产方式，提升农业生态。优化土地结构和配比，合理配置作物类型，保护村寨建设用地，维持原有村寨景观斑块。整合田园生态景观、村落人文风貌，促进农业生态、历史文化的恢复与保护。
· 建立作物 牲畜混合的传统循环农业体系。通过牲畜粪便提供作物肥料，作物及其残留物用作牲畜饲料，形成循环的农业耕作体系。

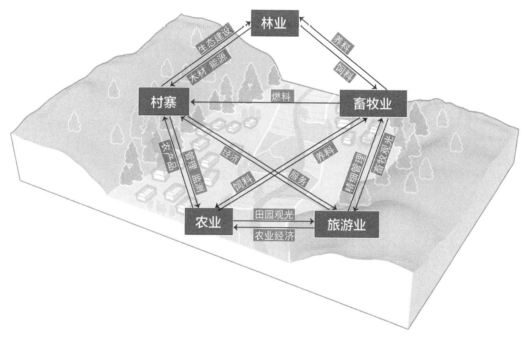

循环农业景观

3.2.2　保护和监测核心作物

对核心作物进行监测和保护，应结合气候与地理环境适应性，延续传统作物的生长优势，并在此基础上进行产业创新：

· 加强农业基础建设，改善生产条件，保证粮食生产安全，带动农民增收。
· 农作物管理通过病虫害生物防控、物理防控代替农药，减少农药及化肥使用。
· 科学使用农业种植技术，结合传统栽种智慧，提高作物种植及管理效率，提高农产品质量。

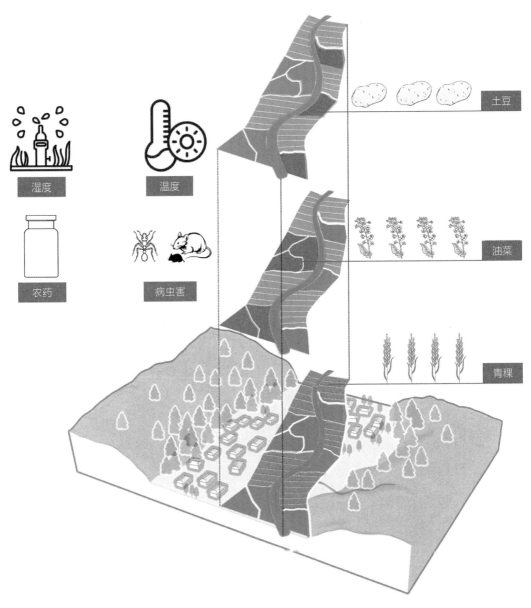

保护和监测核心作物

3.2.3　生计模式多样化

　　延续以农牧林系统为核心的传统生计模式，结合现代化发展要求，鼓励创新生产方式。实现人与环境的高度契合，保证当地的社会生计和传统文化的持续兼容：

- 对农业生产行为进行合理安排，对自然资源开展有效利用，运用农作传统知识获取生存资源的智慧，延续生存与发展的地方性文化。
- 结合现代化技术手段发展高原特色农业，推进林下经济作物产品多样化及地区品牌建设，结合当地特色手工业发展商品经济等，丰富生计模式，增加居民收入。

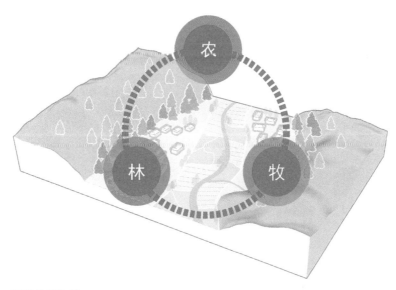

延续传统生计

生计模式多样化

3.2.4 保护传统农业文化

延续当地农耕文化中的节气传统，传承信仰与地域文化，应遵循以下原则：

- 结合节气文化与当地农事活动规律组织生产，传承传统耕作制度，并适当调整以适应气候变化。
- 合理利用当地农耕文化及节气文化资源，举办形式多样的节气文化旅游活动，推动农村文旅产业融合发展。
- 传承节气文化生态智慧，将节气时间与乡村空间融合，引导人们亲近乡村、回归自然，持续推动乡村生态文明建设。
- 对有益生态保护的文化和信仰加以宣传，提高村民的文化认知，增强文化自信。

保护农耕节气文化   传承地域信仰与仪式

3.2.5 强化牧区相关要求

强化高海拔聚居地牧区相关要求，对草地承载力控制、季节性牧场、临时放牧停留点、风雪灾害防控等加强监测和防御：

- 合理利用季节性牧场，保障牧草供给安全。引导牧民做好饲草料储备，保障牲畜冬春饲草料需求，合理安排牲畜出栏。
- 采取现代化手段应对极端天气，提高农牧民对灾害的避险自救与互救能力。重视牲畜圈栏舍除雪、畜舍防寒保暖、动物疫病防治等各项工作，降低灾害带来的养殖风险。

第4章 村寨形态与空间格局

4.1 村寨布局顺应自然基底

高海拔地区地质条件复杂，地貌类型多样，太阳辐射强，昼夜温差大，平均气温处于较低水平。

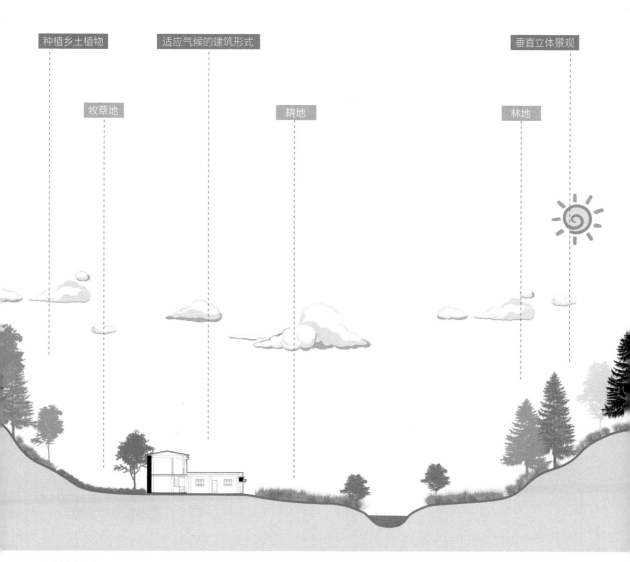

因地制宜布局

村寨布局应因地制宜遵循以下几点原则：

- 因地就势，确定村寨格局：应对高海拔地区常年低温的气候特点，充分结合河谷、盆地地貌特征以及山地地形，选择对区域主导风向具有遮蔽效果的背风区域，顺应自然基底的空间布局方式，处理好各类要素与地形的关系。

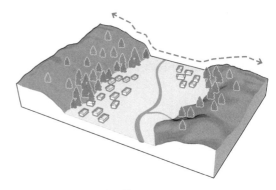

村寨格局——因地就势

- 因循气候，体现地域性特征：以适应当地的温度、湿度、风向、降水等气候条件为出发点，同时兼顾不同民族文化背景以及日常生产生活智慧，确定建筑形式及空间布局，体现差异化。

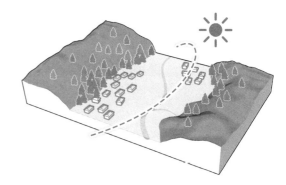

建筑形式——因循气候

建筑布局——因循路线

- 因借自然，营造村寨景观：合理组织村寨、农田、水系、森林、牧场等自然本底要素，实现村寨与环境的有机融合，营造特色的乡土景观系统。

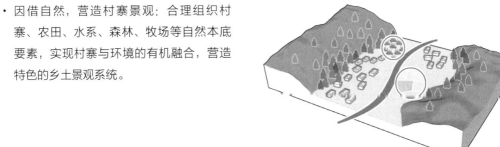

村寨景观——因借自然

4.2 明确村寨建设边界

通过明确村寨建设边界，优化村寨布局形态和功能结构，形成边界内村寨集约高效、宜居适度，边界外绿水青山、开敞疏朗的空间格局。村寨建设边界的明确原则如下：

· 村寨建设边界应避开生态保护红线、永久基本农田、水源保护区、地质灾害隐患点等不适宜建设的区域，不得违法违规侵占河道、湖面、滩地等。

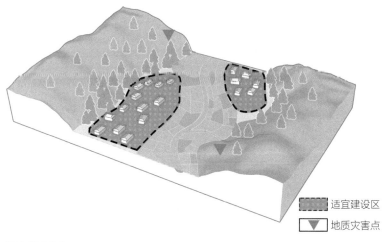

适宜建设区

　适宜建设区

　地质灾害点

适宜建设区

· 村寨建设边界的确定应充分利用河流、山川、交通基础设施等自然地理和地物边界，形态尽可能完整，便于识别和管理，应与周边环境融合，保护、延续村落传统空间形态和肌理。

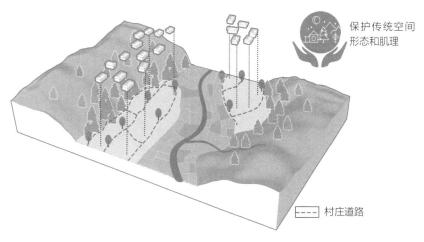

保护传统空间形态和肌理

村庄道路

村寨肌理示意图

· 村寨建设边界应考虑未来发展的可能性，预留一定的发展空间。村寨建设应尽可能集中、紧凑，避免村寨基础设施的浪费，提高公共服务设施的配置效率。

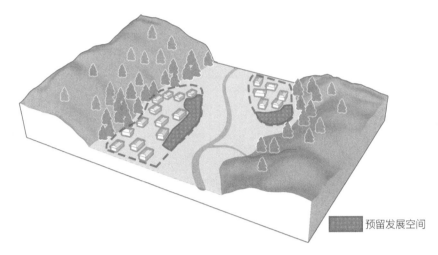

预留发展空间

合理预留空间拓展区域

结合高海拔地区自然灾害、地形地貌、自然生态和社会经济进行综合评价，构建适用于高海拔村庄的建设用地适宜性评价体系。自然灾害包含雪灾、地震、泥石流等；地形地貌包含坡度、地形起伏程度、相对高差、高程、地质环境复杂性、特殊性岩土、地基承载力等；自然生态包含植被覆盖率、土壤质量及动物、植物、微生物所形成的生态复合体。

地形地貌
区域内主要受干旱气候带侵蚀地貌影响

地面坡度
坡面垂直高度与水平宽度的比值

地面坡向
垂直于坡面的方向

相对高差
受自然或人为活动的影响导致的土体滑落

高海拔山区自然生态

4.3　传统肌理多层次保护

村寨的传统肌理保护应包括周边区域环境、内部空间格局以及传统建筑等多个层次的内容，并应遵循以下原则：

- 宏观上把握村寨整体空间格局。以区域山体景观、林田空间、村寨空间为支撑，注重村寨周边林田资源以及高山湖泊、湿地资源等的保护，完善村寨整体空间格局、功能构成、景观系统等传统格局的保护。

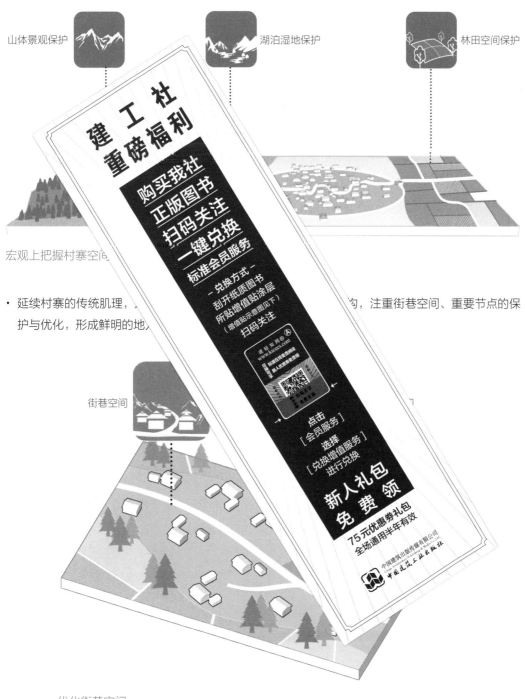

山体景观保护

湖泊湿地保护

林田空间保护

宏观上把握村寨空间

- 延续村寨的传统肌理，⋯⋯⋯⋯⋯⋯⋯⋯⋯⋯⋯构，注重街巷空间、重要节点的保护与优化，形成鲜明的地⋯⋯

街巷空间

优化街巷空间

- 确保村寨整体风貌协调统一。通过对现有建筑进行建筑质量评价，确定保护、修缮、拆除的建筑。新建建筑应符合高海拔地区传统民居特征，并尽量运用地方建筑材料，与村寨整体风貌保持一致。

协调建筑风貌

- 保护村寨内生态景观环境。主要通过保护村寨内乔木、灌木、草本植物等景观斑块，禁止砍伐、移栽等破坏行为，加强对古树名木的管理与保护，可在其周边配以环境小品或建筑物，营造亲切、自然的特色空间。

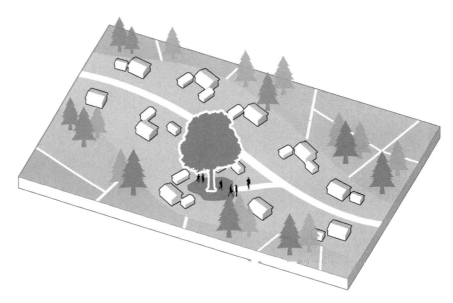

保护古树名木

4.4 用地功能优化提升

4.4.1 聚落空间优化

高海拔集聚区聚落空间从使用功能上可以分为生活空间、生产空间和文化空间,各类空间用地优化应遵循以下原则。

建筑腾退
严格把控生产空间、生态空间以及生活空间的范围

生产空间
尊重村民的空间活动特征

文化空间
尊重当地村民的文化场地以及文化行为

生活空间
对聚居区位以及聚居职能进行调整

空间优化原则

4.4.2 功能优化

根据高海拔地区村寨内部空间类型及特征，功能优化应遵循以下原则：

- 生活空间规范化：主要是遵循村民的生产生活习惯、变迁方式，按照地方标准对新建宅基地面积进行控制，增加公共空间以及生态空间，增强生态调节能力。

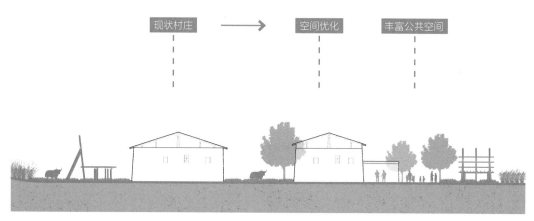

优化村寨空间类型及特征

- 农业空间体系化：推动牧区第一、二、三产业融合，赋能农牧业高质量发展，合理优化适应地域特色的农业空间，拓展农业空间的村旅、文化、景观等功能。

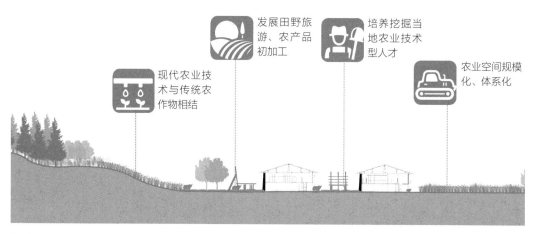

推动农业文旅产业融合

- 公共服务功能提升：根据现有的村民文化活动植入相应的休闲空间，创造交往空间，完善公共服务功能。同时，根据乡村现代化以及实用性村寨规划的要求，保障教育、医疗、卫生、社保等基础设施服务。

土地利用现状评价是根据土地利用的宏观经济、社会、生态等，分析土地利用的动态变化趋势。完整性原则包括：

评估土地利用和经营好坏，可对土地利用和经营行为给土地利用系统以及环境和社会带来的影响进行分析，判断其利用方式的可持续。

科学管理土地，使土地资源达到最好的配置，让其开发、利用及保护做到合理、高效、持久。

根据适宜评价的结果可对各个建设用地提出选址策略。其评价方法主要包含定性分析法、定量分析法、静态分析法、动态分析法和系统分析法。

根据现有的村民文化活动植入相应的公共服务功能，提升教育、医疗、卫生、社保等基础设施服务。

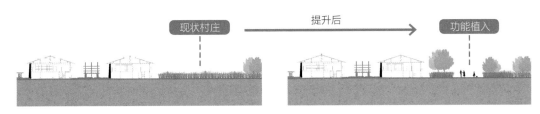

提升公共服务功能

4.5　丰富的空间序列及界面

基于高海拔地区的地理特征、地形地貌及村落与山体环境之间的视野关系，空间序列及界面设计策略如下：

· 营造特色的空间界面：处理好村寨建筑与自然景观的衔接，突出高海拔地区的地域景观特色。注重维护具有地方文化特色的建筑空间界面，强调特色空间序列，延续地方建筑文脉。

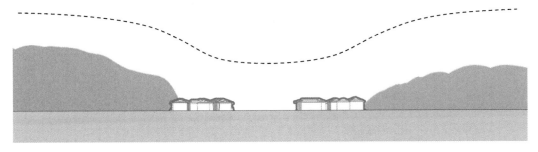

营造特色空间界面

- 构建山村眺望关系：控制村落近景屋顶样式与色彩、肌理，增强村落近景组团感；注意视点与标志的对景效果，村域节点与线路的组织应融入开敞的观景空间，在村落与山体之间留出足够的缓冲空间，保证屋顶、屋脊线显现。

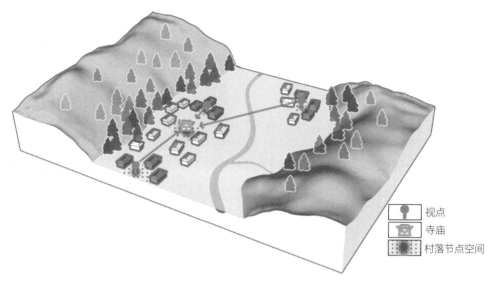

山村眺望关系示意图

- 控制观赏点和视廊空间？结合现状景观效果对视线通廊控制区域进行识别，保留和增建山、村、水的观景廊道，控制主要标志物和观景点，确保连贯、一致的空间感受，控制视线通廊，同时提升可识别性，增强文化建筑的视觉中心感。

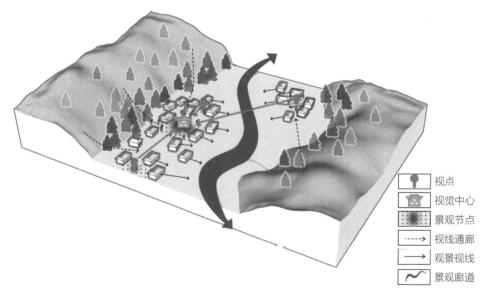

增强文化建筑的视觉中心感

第 5 章　公共空间与景观

5.1　公共空间优化

5.1.1　公共空间塑造

公共空间的塑造应充分考虑村民生产生活需求，并应符合下列要求：

- 公共空间设置结合居民生活习惯及传统民俗活动，满足休憩集会等日常交往活动、射箭等文化活动、锅庄等节庆娱乐活动、婚丧嫁娶等民俗活动的需求。
- 公共空间还应承担传统文化传承与展示的功能，满足村民开展转经、祈祷等活动（如寺庙、白塔、烧香台、玛尼堆等是高海拔地区村寨重要的文化空间）。

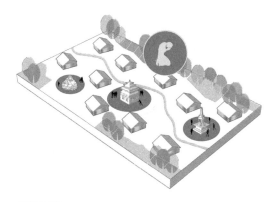

信仰空间

日常活动空间

5.1.2　活动空间优化

活动空间的优化目的以提升村民幸福度、增强便捷性、兼顾弱势群体为主，并应符合下列要求：

- 应按照活动场地辐射范围，增设村民日常活动场所，并定期对其维修保护。
- 建议新建文化传习空间，丰富村民教育生活，实现传统文化的传承与发展。
- 建议新增老年锻炼设施以及儿童活动设施，满足老年人以及儿童活动需求。

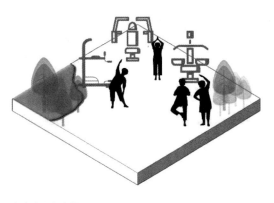

老年活动空间

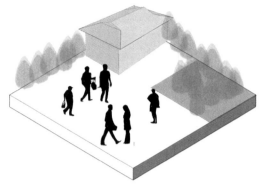

儿童活动空间   文化传习空间

5.1.3 文化空间

　　文化空间的保护重点是对文化景观系统及节点要素的梳理和维护。应符合下列要求：

· 保护历史文化要素空间，同时避免仅关注"场景"而忽视"人物"和"精神信仰"。
· 提升文化空间的使用效率，避免闲置浪费。

以"人"为核心   保护历史文化要素

守住场所精神

5.2 本土化景观营造

5.2.1 本土化景观

本土化的景观营造应遵循以下原则：

- 在设计中充分尊重高海拔地区严寒的气候，景观营造时宜选用寿命长、好存活、耐寒的本土植物，以节约成本、适应当地气候。
- 景观营造符合时宜，植物选择宜充分考虑植物的季相特点，遵循艺术性和实用性原则，通过乔木、灌木、草本花卉合理搭配使得四季有景，尽可能地满足人们的审美需求。

选取耐寒的本土植物　　　　　　植物搭配

5.2.2 农田景观

农田景观的营造应实现对基本农田的严格保护，在强调作物经济性的同时，考虑作物的观光效果，展现本土的农田景观。

农田景观

5.2.3 山林景观

　　山林景观的营造以保护为主，保存丰富的自然资源。结合自然信仰文化实现对周边山林景观的保护。

　　高海拔地区气候严寒，应注重保护现有本土植被空间结构，保护现存物种的多样性，保护贝母、金蝉花、冬虫夏草、松茸、大黄、党参、天麻等物种。

5.2.4 畜牧景观

　　高海拔地区的畜牧景观是以高山草甸为主形成的自然景观，在高海拔地区寒冷的环境条件下，高山草甸是发育在高原和高山的一种草地类型，也是高海拔地区重要的自然景观。畜牧景观的营造以可持续利用为基础，通过对放牧时间进行限制，实现高山草甸的可持续发展，景观营造的同时应注重草场质量的提升。

山林景观

畜牧景观

第6章 村寨交通体系

6.1 道路系统设计

6.1.1 设计要点

依据高海拔地区地形地貌及气候环境特征，村寨道路系统设计应遵循以下原则：

· 道路系统以车行与慢行交通相结合的方式设置。区分不同道路等级的功能和断面形式，根据使用需要和现场条件合理设定道路宽度，考虑包括非机动车道及步行道在内的慢行系统的组织及设计。

道路设置

· 道路交通网络系统应进行统筹考虑设计。避开生态敏感地带，对各区域道路空间进行统一规划，制定符合地域特色和地区需求的设计方案。

统筹设计

· 乡村道路应以实用性为基本原则。灵活使用街巷空间，使其具有停车、交往等实用的功能。利用道路旁空闲用地作为村民活动空间、临时停车空间等。

灵活实用

· 乡村的道路应因地制宜地设置标准。当村庄道路发生拥堵时，道路两侧若有空余，则可以拓宽道路断面，以疏解交通压力。

因地制宜

· 满足景观环境要求。尽量减少对既有景观环境的破坏，营造具有地域特色的道路沿线景观，并保障界面的连续性。

景观营建

根据道路交通使用功能可将村寨道路类型分为对外交通道路、村庄内部道路、田间道路以及慢行游览道路等类型。

对外交通道路：是村寨重要的对外交通联系道路，以货物运输为主，根据实际情况设置双向车道或者单车道。

村庄内部道路：属于生活型道路，是村寨内部重要的公共道路空间，又分为主路、次路和入户路。其中主路是实现村寨内部各组团之间密切联系的主要通道，负担着村庄内部交通运输的关键职能，有条件时设置双向车行道，同时考虑人行道的设置；次路是不同生产组团密切联系的主要道路，应同时考虑机动车、非机动车以及人畜通行的需要；入户路是由村寨内部公共空间通往农户庭院空间的道路，应考虑停车需要。

田间道路：属于生产型道路，是村寨与农田之间、农田与农田之间的连接道路，其中田间道路又分为机耕道和田埂路。机耕道是农用机械、农产品和生活物资运输的主要通道；田埂路指处于田间地头进行农耕活动的主要人行通道。

慢行游览道路：具有游览、观光等服务功能，通往周边山水林田等生态空间的道路，应选取观赏效果较好的线路，重点考虑行人体验和感受。

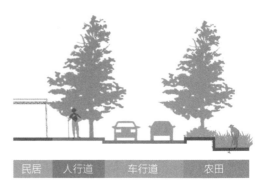

民居　人行道　车行道　农田

主干路断面

民居　人行道　车行道　人行道　民居

次干路断面

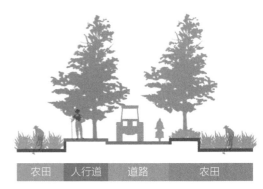

农田　人行道　道路　农田

机耕路断面

林地　车行道　农田

对外交通道路断面

林地　人行道　林地

游览道路断面

6.1.2 场景设计

根据高海拔地区村寨环境要素特征，以及现状用地情况，对不同场景道路交通进行科学合理布置：

- 田间道路交通：根据发展需要，满足一般农耕机械通行需要；禁止与永久基本农田产生冲突，避免对高标准农田等质量较好农田的占用。

田间道路

- 滨水道路设计：与水体之间应构建植被缓冲带，避免对水环境和水生态造成破坏。在适宜人类活动的湿地空间，可结合旅游发展等需要构造具有乡村特色的栈道、观景平台等亲水设施。

滨水道路

- 山中道路设计：受地形影响道路线形特征复杂多变，首先应保证安全性要求；保证道路开挖不对山体造成破坏；生态保护区、动植物栖息地则需营造保护屏障或生态廊道，防止道路直接或间接对生态环境造成干扰。

山中道路

- 村寨内部道路提升：延续村庄原有形态及肌理，根据实际通行需要，在现有道路基础之上，对道路等级及配置进行提升，提高道路通行能力。

内部道路

6.2 停车场地设置

高海拔地区停车场地设置应重点考虑对村寨内部土地的合理、高效利用以及应对高海拔地区气候特征的有效措施：

- 选择交通便利的地段合理修建停车场地。一般选择在靠近村庄出入口位置，同时考虑公共服务设施周边，也可结合公共活动中心、广场、绿地、游园等设置，但需要避开地势低洼及易发生洪涝灾害的地带。

结合公共活动中心设置

- 停车场规模及形式可灵活设置。采取集中与分散相结合的方式布置，当场地条件受限时，可结合实际情况，利用主要道路和次要道路沿线闲置空地布置规模适中的小型停车场地。

结合绿地广场设置

- 鼓励"一场多用"。充分考虑村民停车以及农用车、农用器械的停放需求，同时兼做农作物晾晒、集市、文体活动场地等使用。

利用闲置地设置

- 针对历史文化或旅游资源丰富以及旅游人口或外来人口较多的村寨，还需要考虑将来旅游发展的需要，预留出旅游车辆的停放场地，并应考虑将其单独设置。

- 高海拔地区停车场地应采用生态方式建设。应对常年气温较低的特点，宜选择透水性较强的材料，保证冬季停车场地面防滑。地面可种植耐碾压植物，涵养水源的同时美化环境。

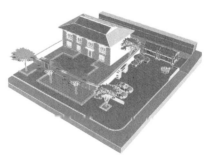

"一场多用"

6.3 设施配置

6.3.1 辅助设施

辅助设施包括标识、亮化、沟渠、绿化等，应按照以下原则与道路建设同步设计、同步建设：

- 道路标识系统在重点地段重点设置。在车流量较大的路段应设置可变信息标志，在事故频发路段设置路障、减速带以及提示标志、路侧防护栏等，减少交通事故的发生。
- 路灯等量化设施为夜间行驶提供有效保障。结合高海拔地区日照时间长的特点，可选择太阳能路灯，生态节能，降低能源消耗。
- 制定合适的排水沟尺寸和道路坡度设计。在降雨量较大的地区可在道路一侧设置明沟，有风貌和安全要求的路段选用埋管或盖板的方式。
- 营造具有地域特色的道路沿线景观。可以在道路两侧栽种成本低、易存活的乡土植物作为景观绿化，同时能够更好地体现地域特色，并保障界面连续。
- 发展城乡一体化的公共交通系统，提高居民出行的便利性。鼓励发展智能型、信息化的城乡公共交通，沿对外交通道路设置公交站点。
- 制定应对高寒地区气候特征的策略。有地下管线埋设时覆土厚度应在冻土深度以下。针对冬季易积雪的重要路段，可采用新技术进行融雪化冰，减少交通事故的发生。

6.3.2 路面设计方案

按照道路等级及功能的不同，应分别制定对应路面设计方案：

- 对外交通及村内主干道路面设计必须确保其安全交通运输功能。材料选择上采用沥青、混凝土等作为路面材料，打造平整、坚固的道路路面。
- 次要道路路面选材上应因地制宜。可采用现阶段较常用的混凝土材料，也可选择较为经济的砂石、碎石为面层。
- 机耕路路面设计时应就地取材。可采用石片等乡土材料进行铺砌，或者选用一些低成本的环保型本地材料。
- 步行道路铺装设计与改造时应根据不同铺装配置方式展现地域特色。可将乡村地区本土常见的砖石、废木料等，运用到道路铺装的改造过程中。
- 在边坡材料的选择上，考虑其防护强度及效果。在采用混凝土或石材的基础上覆盖生长存活能力强的本土植被进行土壤加固。

主次道路

机耕路

步行游览小路

第 7 章　环境卫生设施

7.1　高海拔地区污水处理

　　高海拔民族地区生活污水治理要与农村改厕紧密结合，尽量采取生态处理模式，以资源化处理为主，尊重民族习俗，充分考虑污水处理设施的保温、防冻措施，少采用或不采用有动力设施的污水治理技术，多采用土地渗透等技术，采用鹅卵石、砾石、土壤和煤渣作为地下渗滤系统的滤料，优先考虑污水资源化利用。

结合农村厕改，采用土地渗滤处理污水

7.2　村寨内部垃圾处理

　　村寨生活垃圾严禁采用露天随意堆放、露天焚烧、投放水体及河道、简易填埋等不规范处理方式。应结合高海拔村寨实际情况，增设垃圾桶，进行垃圾分类，实现农村可回收垃圾资源化利用。如当地产生的建筑垃圾，可以用于农村道路、入户路、景观等建设，变废为宝，活化垃圾资源。

增设垃圾桶，注重垃圾分类，进行统一处理

第 8 章　公共服务设施

8.1　医疗卫生设施

推进乡村公共卫生体系建设，完善医疗基础设施服务。提升村卫生室标准化和健康管理水平，合理布局医疗卫生功能建筑并完善内部配套设施。完善养老助残服务设施，支持有条件的村寨建立养老助残机构，发展互助型养老。支持卫生院利用现有资源开展农村重度残疾人托养照护服务。

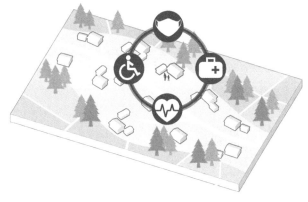

医疗卫生设施

8.2　文化设施

对村寨现有文化场地如村级文化活动室、休闲广场进行修缮维护，完善相关配套设施，体现村寨文化特色，并采取农村自组织模式，为开展节庆活动、集会交流、日常交往提供舒适的空间场所，发挥为民服务、议事组织、教育培训等功能。

对民俗文化丰富的村寨，应建设村寨民俗文化馆、历史陈列馆，并指导村寨民居建筑等进行可视化要素特色风貌改造，提高村民文化认同感和文化自信。

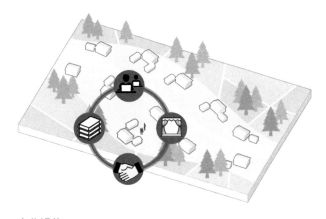

文化设施

8.3 体育设施

依托美丽村庄建设,进行老村改造、环境综合整治等项目;结合文化设施,建设篮球场、乒乓球台等体育活动设施;利用村寨边角地、闲置房等,建设所需场地小、花费资金少的活动空间。

体育设施

8.4 商业设施

村寨小卖部、小型超市、邮电服务站、电商快递点等乡村商业设施的建设应考虑交通便利、村寨活力较高的地段,提高设施服务水平。支持有条件的村寨建设购物、娱乐、休闲等业态融合的商贸点,发展新型乡村便利店。结合村寨特色资源,如历史遗迹、民族文化、自然风光等,发展特色旅游服务,引导餐饮、酒店等营利性商业设施促进消费,并依托电商平台,搭建物流网络,通过农产品线上销售的方式丰富消费业态。

商业设施

第 9 章　民居与庭院

9.1　民居改造提升策略

9.1.1　建筑空间改善

　　高寒地区建筑主要以民居建筑，生产建筑以及文化建筑为主，针对不同类型建筑特征，改造应遵循以下原则：

- 民居建筑：传统民居应做好日常的维护，除了对建筑风貌及建筑质量的监督之外，应充分关注村民对住房热舒适度的实际需求，并按照低干预的原则提升周边环境。
- 生产建筑：主要的生产建筑有青稞架、粮仓等。应在保留其农业、畜牧业等基本功能的同时，挖掘其观赏、体验等旅游价值。
- 文化建筑：主要以堂点、寺庙为主，大部分是村民的信仰空间，建议进行原址保留。

民居建筑空间

文化建筑空间

生产建筑空间

9.1.2　民居风貌引导

对传统建筑风貌进行引导与控制以及本土化建筑材料的运用是延续传统风貌最有效的办法，据此提出以下民居风貌改善原则：

- 建筑风貌延续：保护有价值的民居建筑，使其传统风貌得以延续。新建筑应对建筑形式、体量、色彩等进行控制，鼓励选用适宜气候的新材料与新技术，提高建筑性能。
- 在地性营建：民居改造更新过程中，应尽量沿用本土材料及传统建造工艺，并注重对旧建材的循环利用，同时还要考虑经济性、实用性以及耐久性。

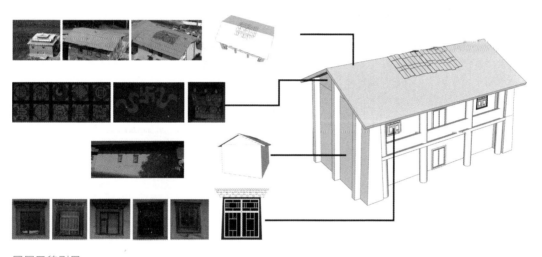

民居风貌引导

9.1.3　民居改善措施

利用现代技术以及新型材料在对传统建筑的改善有着显著效果，据此提出以下民居改善措施：

- 新材料应用：推广玻璃等新型材料，可增加民居的抗寒、防风以及抗雨雪能力，应推广。
- 新技术应用：应用现代木结构理论指导藏族民居改造及更新。如构件结构及强度的提升，屋盖、楼盖、柱架、基础、节点连接优化等，从而改善民居的宜居性及安全性。减少木材的不必要浪费以及应用现代夯土技术，就地取材，提高其抗震能力的同时，可不断提高民居住用品质。
- 新能源应用：引入清洁能源，把太阳辐射作为热源加以直接利用，或将太阳能进行光电、光热转换再利用。

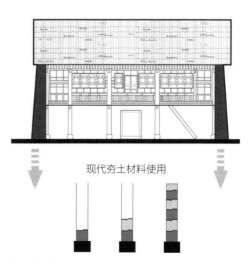

现代夯土材料使用

新材料应用

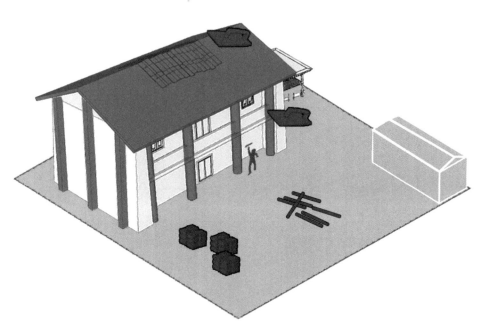

新技术应用

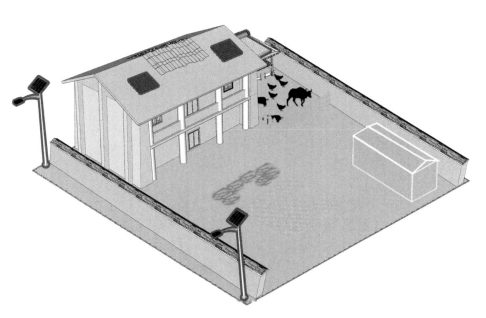

新能源应用

9.2 庭院功能优化与景观提升

9.2.1 庭院空间改造

高海拔地区村寨院落功能以农业为主，对于村寨中的庭院空间可进行一定的改造利用，改造策略如下：

- 提倡人畜分离，改善人居环境。
- 丰富庭院围墙的作用，建议使用生态化围墙，并打造围墙景观。
- 提倡优化庭院太阳能等清洁能源利用。
- 提升厕所卫生条件，改造现有旱厕。
- 降低污染排放，有效解决污染源对村民日常生活的影响，改善现有生活环境。

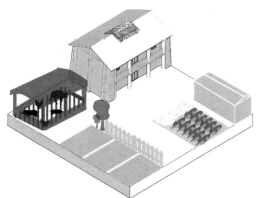

人畜分离

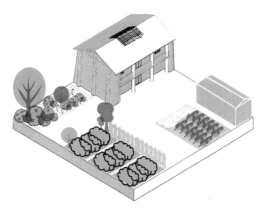

生态围墙

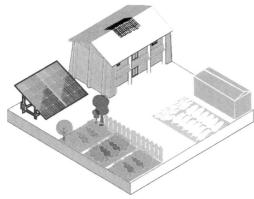

能源利用

绿化降低污染

9.2.2　庭院景观营造

庭院景观营造应遵循以下原则：

- 增强庭院景观营造的趣味性。
- 合理划分庭院空间，使得庭院空间多元化。
- 通过庭院材质的视觉差异形成明显的空间分割线，烘托庭院舒适安逸的休闲氛围。
- 沿用和增加对废弃容器的运用方式，打造景观小品，体现庭院景观营造的生态性。

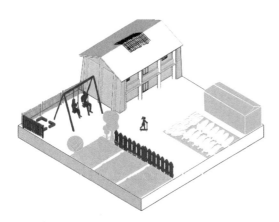

增强庭院的趣味性

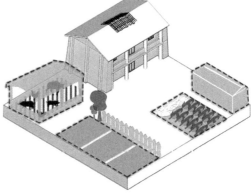

庭院空间多元化

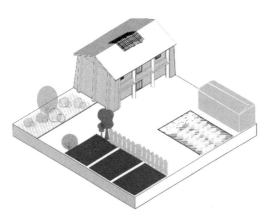

不同材质的视觉传达

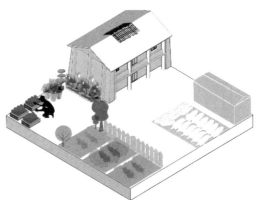

庭院景观生态性

9.2.3 庭院景观配置

高海拔地区庭院地形设计较为平坦，庭院空间较大，庭院景观配置应以乡土植物为主，充分考虑植物对高寒低氧环境的适应性。

高海拔地区乔木主要应选择耐寒、对气候和地形适应性较强的乔木树种，建议以柳树和松树为主。果树类植物主要有醋栗。经济作物选择青稞、油菜、小麦等粮食作物，或重楼、白芨、木香等药材植物。花木植物主要有石竹、月季、雏菊、鸢尾花、格桑花、蒲公英、多肉等。

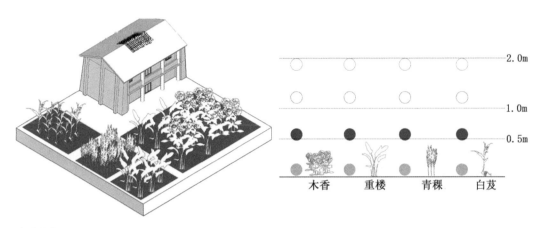

庭院作物

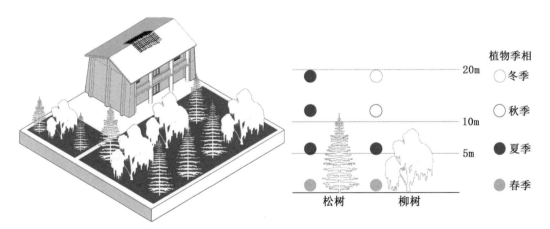

经济林木

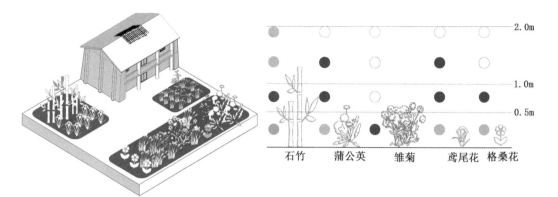

花园

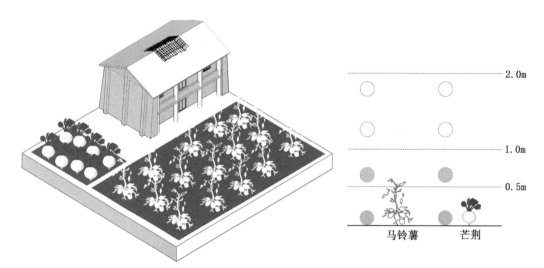

菜园

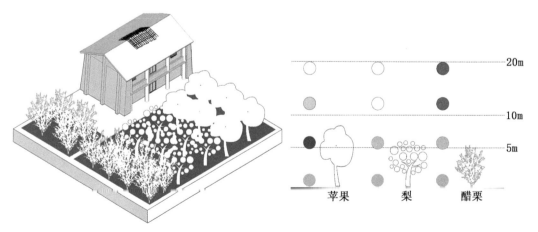

果园

第 10 章 低碳能源利用

10.1 生态碳汇

高海拔区域生活的居民对于神山的崇拜，体现其对自然的尊重，使碳汇得到提升。通过延续对动植物资源的适度消耗、自然资源的适时利用、放牧时节在不断"转场"中保护草原、爱护牲畜的生态意识以及分群放牧、节制放牧的生态思想，在无形之中增加碳汇。在高海拔区域应继续提升森林、灌木林、草甸质量，增加林灌草碳汇，凸显区域优势，减少沼泽地开发，提升土壤固碳能力，同时通过低能耗、低干预等手段，对古村落、旧建筑等开展改造和修复，最大限度地使用原有设施，节约资源，降低能耗。

结合高海拔面向农业、村落和生态三大空间，围绕山、水、林、田、湖、草、沙、冰全要素构建多角度环境治理体系，加强部门协同联动，提升碳汇。

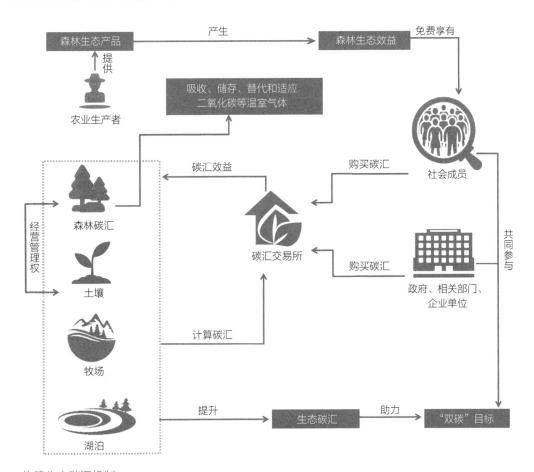

构建生态碳汇机制

- 整理农业空间：通过减少翻耕、秸秆还田、施用绿肥等增加土壤肥力，通过发展智慧农业，实现农业生产全过程的精准投入、个性化服务的全新农业生产方式通过发展循环农业，打造全新农业生产方式，实施低碳型土地整治等技术。

整理农业空间

- 提升生态空间：提升林草质量，增加碳汇；保护高海拔区域的生物多样性，提升土壤固碳能力。

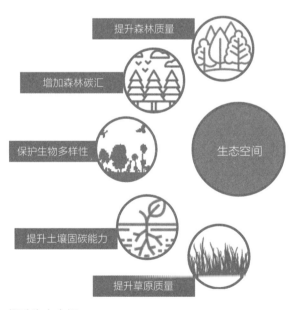

提升生态空间

• 优化村落空间：聚落建设中应减少大拆、大整、大开发，最大限度地保持历史原貌；应通过市场化手段，对古村落、旧建筑等开展低能耗改造和修复，最大限度地使用原有设施，节约资源，降低能耗。

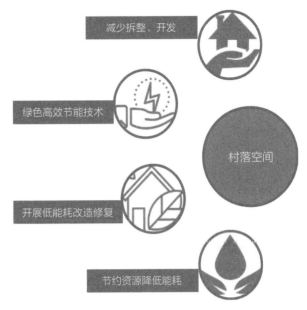

减少拆整、开发

绿色高效节能技术

村落空间

开展低能耗改造修复

节约资源降低能耗

优化村落空间

10.2　清洁能源利用

高海拔区域因其特殊的地理位置，海拔较高，温度变化差异大。在高海拔区域应注重太阳能、风能、生物能、地热能等能源的使用及其建设。

10.2.1　太阳能

于高海拔空旷场地铺设太阳能集热场，建立太阳能与生物质、电能等互补热站，发展太阳能集中供暖。

高海拔区域有较为平缓的草原，可挑选合适区域集中放置太阳能集热板，在相应的村落入口、重要公共区域、主要道路两侧等村寨重要节点加装太阳能光伏系统时，须严格控制安装尺度、形式与色彩，与环境保持协调美观，并作加装后效果图和视线分析。既有民居建筑加装太阳能光伏系统时，须首先评估屋面荷载承受力，使用与横断山区少数民族屋面颜色相近的光伏组件，屋面上的布置宜整齐对称。在公共建筑、民宿、餐馆等功能复合形态的民居建筑中，可插入太阳能暖房或屋顶天窗，增强采光性能。太阳能暖房可参考《农村地区被动式太阳能暖房图集（试行）》。

10.2.2 生物质能

宜积极鼓励生物质能源的生产和使用,结合高海拔地域资源优势,适当使用木质燃料,严禁取用活木,应对干柴进行收集利用,人为协助从森林更新角度促进生态敏感地区村寨的能源转型。

高海拔区域的生物质能源主要包括禽畜粪便、农林废弃物、干柴、树叶、树枝、皮毛等,可用于发电、制作燃料电池和生物质颗粒、肥料等。有条件的村庄可根据实际需求设置堆肥间、生物质电厂等,并建立试点推广。

10.2.3 风能

宜采用新型结构和材料,建设风力发电系统,达到微风启动、无噪声、不受风向影响等优良性能。

10.2.4 地热能

宜通过合理开发、有序利用、规范管理发展地热资源。可开发温泉旅游,合理发掘,为家庭供暖提供便利。

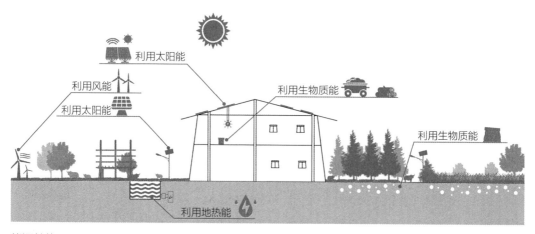

能源结构

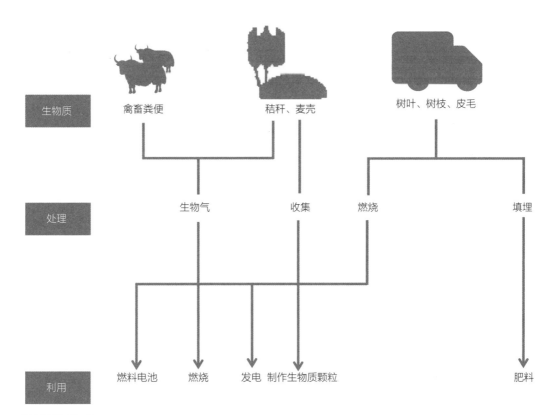

生物质 禽畜粪便 秸秆、麦壳 树叶、树枝、皮毛

处理 生物气 收集 燃烧 填埋

利用 燃料电池 燃烧 发电 制作生物质颗粒 肥料

清洁能源体系

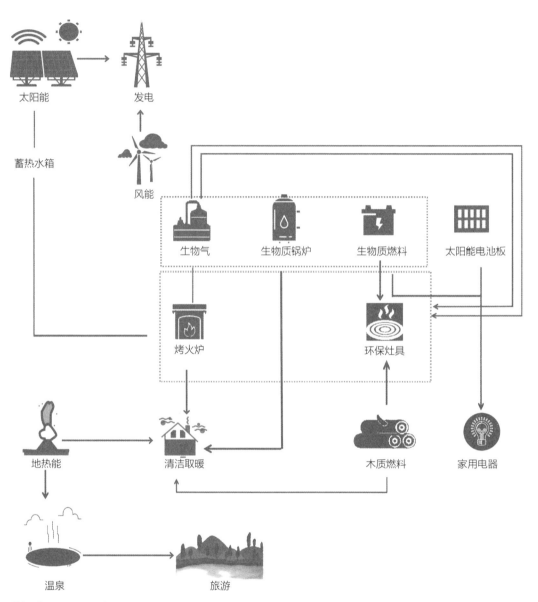

太阳能　　　　发电

蓄热水箱

风能

生物气　　　生物质锅炉　　　生物质燃料　　　太阳能电池板

烤火炉　　　　　　　　　　　环保灶具

地热能　　　清洁取暖　　　　　　　　　木质燃料　　　家用电器

温泉　　　　　旅游

能源体系

48

第 11 章　生态基础设施

11.1　生态基础设施建设

应结合高海拔地区特色建立并改善生态基础设施，对灰色基础设施进行生态化改造，结合高海拔地区区域内的湿地、湖泊、河流、森林、绿道、牧场等自然和半自然系统，提高生态系统稳定性。

11.2　加强软质驳岸建设

应沿河流建立并改善河岸缓冲带，加强软质驳岸建设。应对高海拔地区易发自然灾害类型如洪涝、冰川消融等问题，增强抵御洪涝灾害的能力，巩固河岸、保持水土、维持物种多样性，丰富和改善高海拔地区景观。

在河道与陆地交界的区域建设乔灌草相结合的立体植物带，以草甸植物为主建立河岸缓冲带，同时配置乔灌植物，丰富植物带的空间层次。

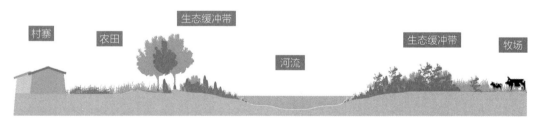

高海拔地区生态缓冲带

11.3　建立农田防护林、合理利用人工斑块

应建立农田防护林、在农田周边建立绿篱防护带，并合理利用人工斑块。可通过植物围合等措施，减少寒风、暴雪对于易垮塌农业设施的影响；在高海拔地区半自然生态系统中应建立农田防护林，并在农田周边建立绿篱防护带，保障高海拔地区农业生产稳产、高产，为农作物提供较好的生长环境；同时，应合理利用农田、牧场和经济林等人工斑块，为部分物种提供生存的环境和营养。

在农田防护林的建设中，可选择当地特色优势树种，因地制宜地发展特色种植业和林间养殖业，在保障生态效益的同时增添经济效益。

农田防护林

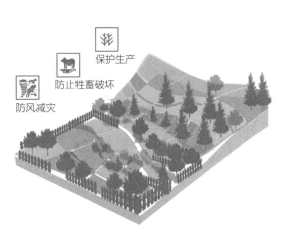

农田生态绿篱围栏

高海拔地区人工斑块

11.4　灰色基础设施生态化

应将水泥硬化河渠生态化，对路域创面边坡进行生态修复。针对高海拔地区易受洪涝、雪灾、冻灾等自然灾害的影响，以及水土流失、草地退化、生物多样性降低等问题，应对其区域内灰色基础设施进行生态化改造。

河渠生态化改造

路域创面边坡生态修复